爱上科学

辑 04

My Path to Math

我的数学之路

数学思维启蒙全书

第1辑

创建模式 | 时间 | 日历中的数学

■ [美] 保罗 · 查林（Paul Challen） 等 著

阿尔法派工作室 李婷 译

人民邮电出版社

北京

版权声明

目 录

CONTENTS

创建模式

时间

日历中的数学

创建模式

1·1·

模式是什么

杰克逊每天都在寻找**模式**。模式就是多次重复的一组事物规律。我们的世界充满模式！

上面这个模式有两只红袜子和一只蓝袜子，该模式一直在持续。

我们可以利用许多事物来创建模式。我们可以用诸如袜子之类的物品来创建模式；我们可以用数字和图形来创建模式。模式不一定是我们看见的事物，也可以是我们听到的声音。

拓展

观察这些弹珠。模式是什么？

杰克逊看到了他的弟弟艾伦。艾伦的衬衫有一个条纹模式：橘色条纹和灰色条纹交替出现。

1·1·

重复模式

杰克逊到厨房去拿零食。他在那里看到了更多模式。红苹果和绿苹果形成了一个**重复模式**。1个绿苹果加1个红苹果组成了一个**模式基础**。

1　　2　　3

杰克逊将模式基础重复了3次，这就创建了一个重复模式。

拓展

观察下图中的模式。模式基础是什么？它重复了几次？

杰克逊用杯子来创建重复模式。他的首个重复模式的模式基础是1个粉色杯子加1个蓝色杯子。

杰克逊用杯子创建了另一个模式。这次的模式基础是2个粉色杯子加1个蓝色杯子。

延续重复模式

杰克逊、迈克尔和塞里卡去了动物园。饲养员向他们介绍了海龟和蛇，还送给了他们一些印有这些动物的贴纸。塞里卡用这些贴纸创建了一个重复模式。

塞里卡让杰克逊添加下一张贴纸，杰克逊添加上一张海龟贴纸来**延续**这个模式。延续模式就是保持这个模式的规律，让它继续下去。

拓展

观察下图中的两个模式。要延续各自的模式，接下来的问号处应该是什么动物？

杰克逊、迈克尔和塞里卡在动物园里了解了动物。

塞里卡创建了一个模式基础。

塞里卡延续了这个模式基础。

塞里卡再次延续了这个模式基础。

几何模式

杰克逊用幼儿园里的积木搭了一座塔，进而创建模式。他选择下面的积木作为他模式里的要素。

要素是模式中的单个物品。杰克逊在他的模式中使用了6个要素。

接下来，杰克逊把模式基础放到一起。哪个要素被他使用了两次？

杰克逊用积木创建了一个模式，然后他延续了这一模式。在下图中他将模式基础重复了几次？

拓展

在一张纸上画下这个模式。

· 模式中的要素有什么？

· 圈出模式基础。

· 添加3个要素来延续这一模式。

1.1

递增模式

杰克逊和他的叔叔去打保龄球，他们玩得很开心。杰克逊在保龄球上看到了一种模式。

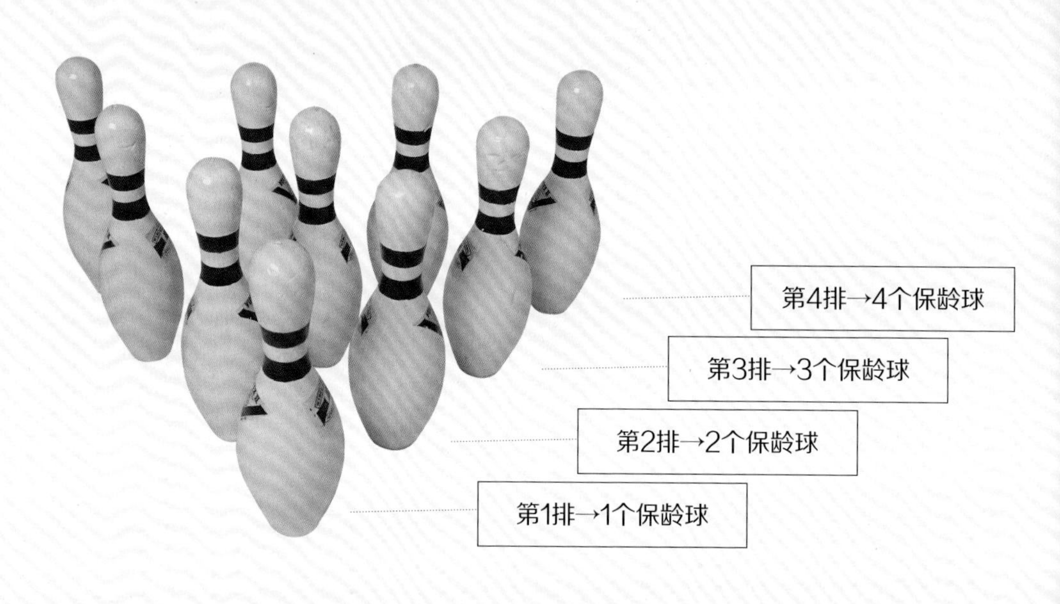

保龄球处在一个**递增模式**中，每排比上一排多一个。

拓展

观察下面的模式。哪种图形在递增？它以怎样的模式递增？

杰克逊在家摆放了他的玩具保龄球。这些保龄球处在一个递增模式中，每排比上一排多一个。

延续递增模式

杰克逊和他的爸爸去动物园，他们看到了许多种动物。杰克逊数了数动物，他从中看到了一个递增模式。

1只猴子　2匹斑马　3只老虎

接下来，杰克逊去看大象。如果他的递增模式要延续，他将会看到几头大象？没错！他看到了4头大象。

最初杰克逊看到了1只猴子，然后看到了2匹斑马，接下来看到了3只老虎，最后看到了4头大象。动物的数量按每次多一个的速度递增。

这里还有两种方式来展现这个相同的模式。

这个模式中的动物，每次递增一个。

拓展

观察这个递增模式，它在怎样递增？画下这个模式。添加紫色的方块将这个模式继续下去。

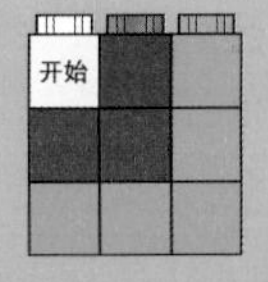

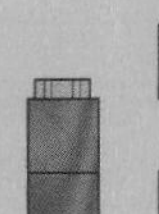

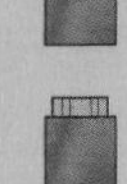

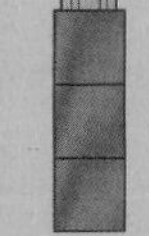

我们生活中的重复模式

每到周五，杰克逊和他的同学们会参观一个新地方。这周五，他将会参观消防站；下周五，他将会参观回收中心。

杰克逊看着日历，发现每周的日子是一个重复模式。他圈出周五。

日	一	二	三	四	五	六

每周有相同的7天。7天形成模式基础。

Tu	W	Th	F	S
		1	2	3
6	7	8	9	10
13	14	15	16	17
20	21	22	23	24
27	28	29	30	31

六月

		1	2	3	4
6	7	8	9	10	11
13	14	15	16	17	18
20	21	22	23	24	25
27	28	29	30	31	

日	一	二	三	四	五	六
	2	3	4	5	6	7
	9	10	11	12	13 消防站	14
	16	17	18	19	20 回收中心	21
	23	24	25	26	27	
	30					

妈妈在日历上写下杰克逊的课外活动。杰克逊盼望着周五。

拓展

如果今天是周五，明天是周几？

如果今天是周四，昨天是周几？

一周中的哪些天你要上学？

你每周还有其他活动吗？

制作一份这个月的日历，并且在上面写下你的活动。

1·1·

创建重复模式

马利是杰克逊的妹妹。杰克逊向马利展示如何创建一个重复模式。他用粉笔在地上画了一个模式。马利尝试创建一个相同的模式。

○△△→○△△→○△△→ ——杰克逊的模式

○△→○△→○△→○△→ ——马利的模式

这两个模式是相同的吗？杰克逊的模式基础是什么？

观察△。

杰克逊在他的模式中用了2个△，马利仅仅用了1个△。

拓展

用拍手和跺脚来创建一个重复模式。先尝试下面这个模式。

拍手 拍手 跺脚
拍手 拍手 跺脚
拍手 拍手 跺脚
拍手 拍手 跺脚

跺脚 跺脚 跺脚 拍手
跺脚 跺脚 跺脚 拍手
跺脚 跺脚 跺脚 拍手

观察“跳房子”的场地。你看到模式了吗？观察模式怎样重复，模式基础是什么？

创建递增模式

表格是一种观察递增模式的好方法。杰克逊将要去回收中心，他想把收集的空罐头带到回收中心去。

第几周	空罐头数量
1	4
2	6
3	8
4	10
5	12

杰克逊收集空罐头已经5周了。每到周末，杰克逊会数一数他已经收集的空罐头的数量。他在表格上写下了空罐头的数量。

第几周	空罐头数量	
1	4	
		> 2
2	6	
		> 2
3	8	
		> 2
4	10	
		> 2
5	12	

空罐头的数量每周增加几个？答案是每周增加2个。

拓展

延续表格。杰克逊如果延续他的递增模式，在第6周会有多少个空罐头？

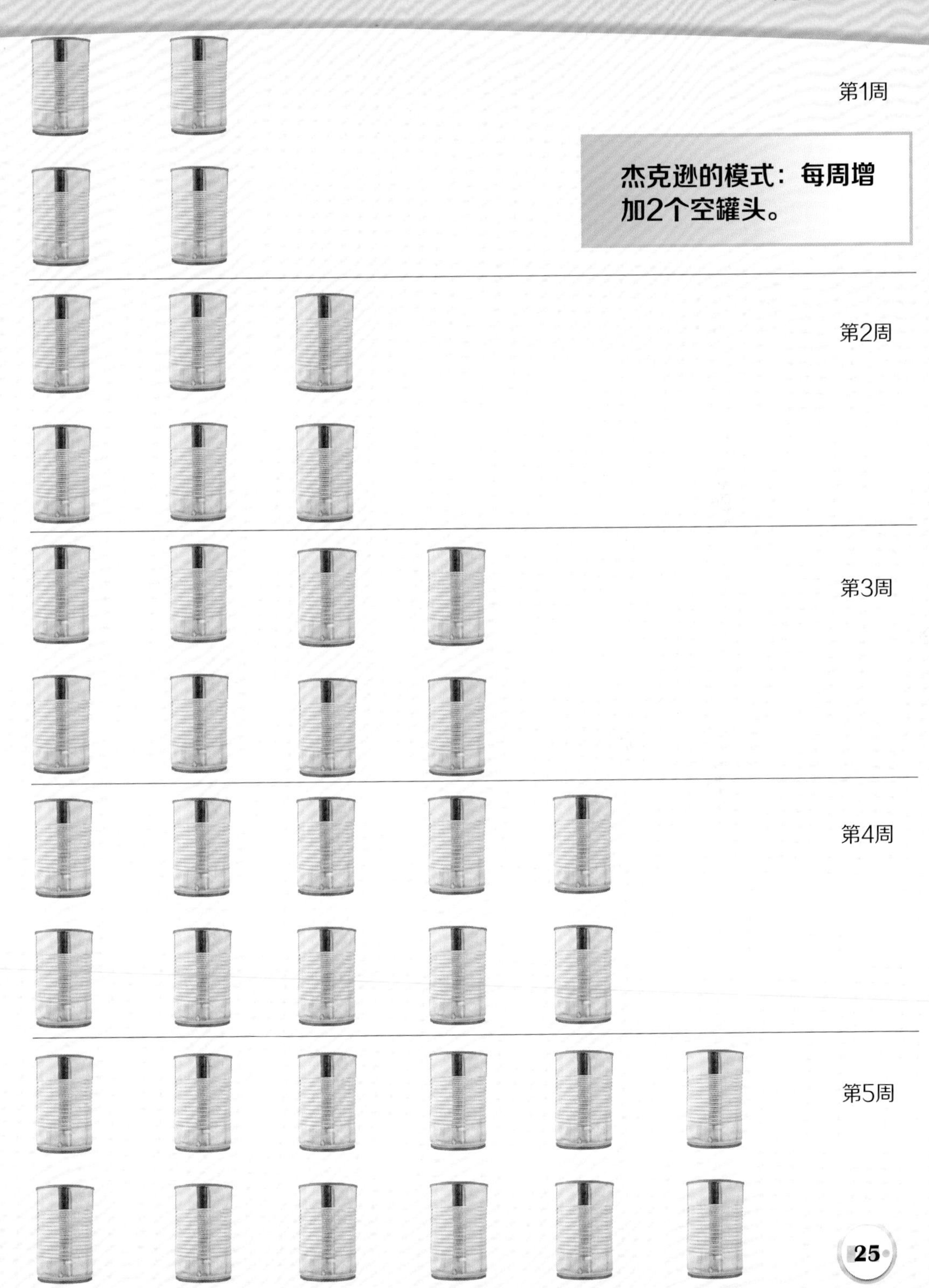
第1周
杰克逊的模式：每周增加2个空罐头。
第2周
第3周
第4周
第5周

术语

要素（element） 模式中的单个物品。

延续（extend） 添加下一个物品来使模式继续下去。

递增模式（growing pattern） 数量逐渐增加的模式。

模式基础（pattern core） 模式中重复的部分。

模式（pattern） 多次重复的一组事物规律。

重复模式（repeating pattern） 一次又一次地使用同样的模式基础。

表格（table） 将需要比较的事物填入表格，会让比较变得更容易。

要素

重复基础

重复模式

第4排→4个保龄球

第3排→3个保龄球

第2排→2个保龄球

第1排→1个保龄球

递增模式

时间

时间是什么

时间是我们衡量事物的一种方式。时间可以衡量一件事发生要用多久。时间也可以衡量你做一件事需要花费多久。有的事情只需要花费较短时间，有的事情则要花费较长时间。

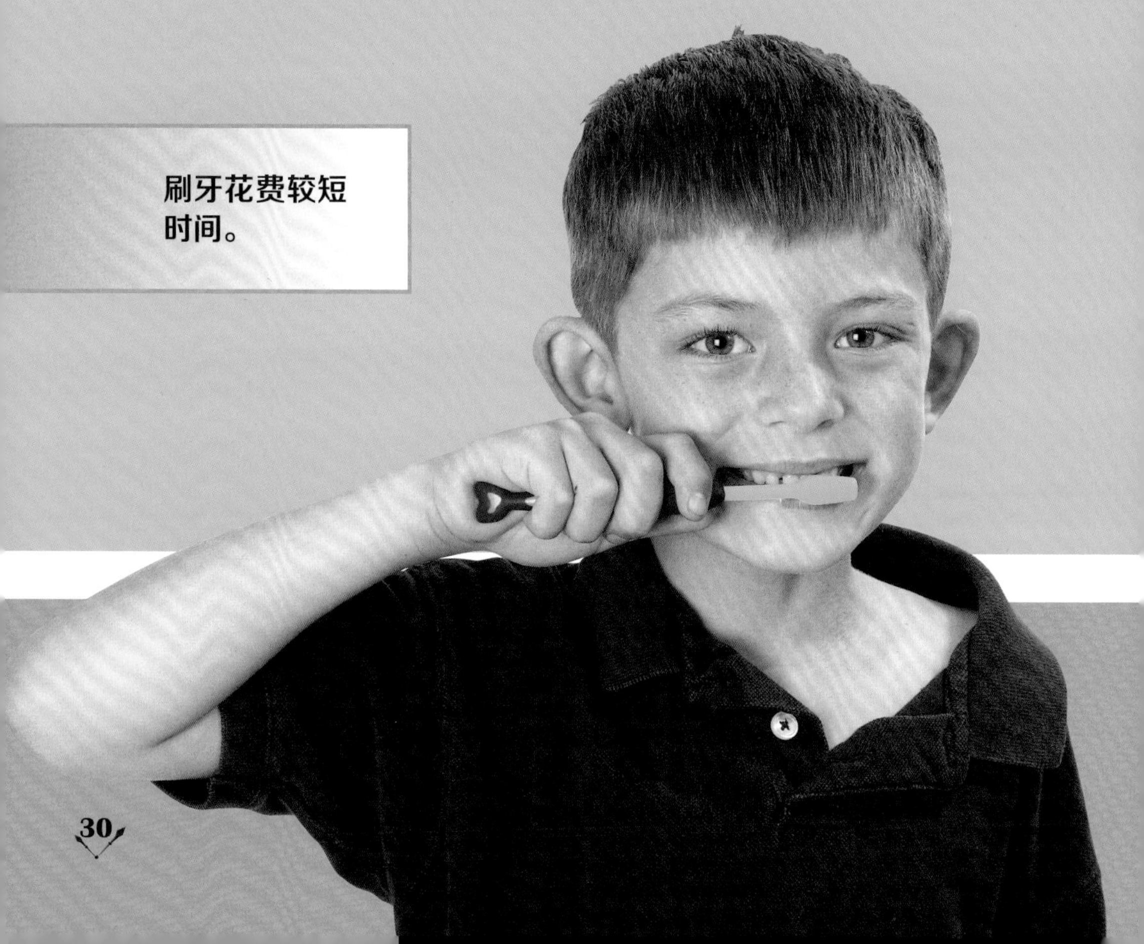

刷牙花费较短时间。

你花多长时间来刷牙？你花多长时间坐车到学校？哪件事需要花更多时间？

钟表

有很多不同的工具可以用来计量时间，**钟表**就是一种计量时间的工具。它可以把一天的时间分成更短的单位展示出来。**手表**也是一种钟表。手表能常被戴在手腕上，而有的钟表则可以挂在墙上。

手表

这个挂钟正挂在教室的墙上。

有的钟表很大！这个大钟是挂在建筑物的外墙上的。

钟表的各部分

钟表的正面被称作**表盘**。表盘上有1～12个数。

钟表一般有两根**指针**。短的指针被称作**时针**，它指示**小时**。长的指针被称作**分针**，它指示**分钟**。有的钟表还有一根细长的指针，被称作**秒针**，它指示秒。

拓展

指着钟表上的不同部分，说出每部分的名字。

钟表的指针，就像张开的手臂！

报时

人们通过计算小时和分钟来判断时间。1小时有60分钟。时针每过一小时移动到下一个数。图中这个钟表的时针指向2，我们知道现在2点了。

我们从钟表的顶部开始计小时。12在最上面。

1分钟有60秒。分针每过一分钟移动一小格。表盘上相邻的两个数字之间有5个小格。当分针正好指向数时，我们可通过以5为间隔的**跳跃计数**来得出分钟。

右图这个钟表的分针指向6。我们跳跃计数6次，就可以知道现在是30分。

为了报时，我们既看小时，也看分钟。左图这个钟表上，时针指向2，分针指向6，时间是2:30。

一天中的各部分

1天有24小时，被划分成不同的部分，这些部分被称作**上午**、**下午**和**夜晚**。我们在上午醒来，上午是一天的开始，过了12:00就是下午，当太阳下山的时候，就到夜晚了。

学校上午开始上课。

人们通常在中午（12:00左右）吃午餐。

我们在夜晚准备睡觉。讲故事是助眠好方法。

日历

日历是另一种计量时间的工具。日历是显示天、周和**月**的图表。

1天有24小时。1周有7天。

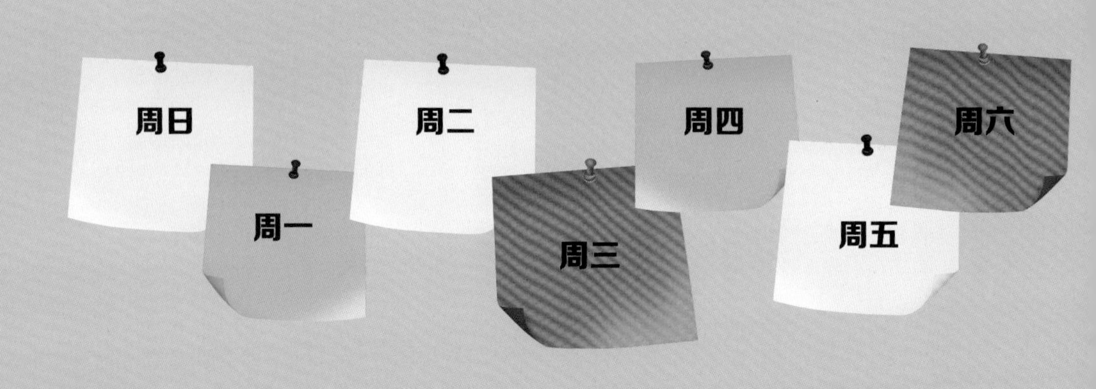

拓展

一周中的哪些天你必须去上学？一周中的哪些天你可以在家休息？

这份日历显示的是某年6月。

月

每年的日历中都包含了12个月。月是**年**的一部分，1年有12个月。观察下一页上的日历，说出每个月的名称。

每月的第一天以1开始。有的月份有30天，有的月份有31天，但12个月中有一个月只有28天或29天。

拓展

利用下一页上的日历，指出你的生日在几月。你的生日在那个月的第几周的哪一天？

观察这一页上的日历，你能找到只有28天的那个月吗？

1月

Sun	Mon	Tue	Wed	Thu	Fri	Sat
				1	2	3
4	5	6	7	8	9	10
11	12	13	14	15	16	17
18	19	20	21	22	23	24
25	26	27	28	29	30	31

2月

Sun	Mon	Tue	Wed	Thu	Fri	Sat
1	2	3	4	5	6	7
8	9	10	11	12	13	14
15	16	17	18	19	20	21
22	23	24	25	26	27	28

3月

Sun	Mon	Tue	Wed	Thu	Fri	Sat
1	2	3	4	5	6	7
8	9	10	11	12	13	14
15	16	17	18	19	20	21
22	23	24	25	26	27	28
29	30	31				

4月

Sun	Mon	Tue	Wed	Thu	Fri	Sat
			1	2	3	4
5	6	7	8	9	10	11
12	13	14	15	16	17	18
19	20	21	22	23	24	25
26	27	28	29	30		

5月

Sun	Mon	Tue	Wed	Thu	Fri	Sat
					1	2
3	4	5	6	7	8	9
10	11	12	13	14	15	16
17	18	19	20	21	22	23
24	25	26	27	28	29	30
31						

6月

Sun	Mon	Tue	Wed	Thu	Fri	Sat
	1	2	3	4	5	6
7	8	9	10	11	12	13
14	15	16	17	18	19	20
21	22	23	24	25	26	27
28	29	30				

7月

Sun	Mon	Tue	Wed	Thu	Fri	Sat
			1	2	3	4
5	6	7	8	9	10	11
12	13	14	15	16	17	18
19	20	21	22	23	24	25
26	27	28	29	30	31	

8月

Sun	Mon	Tue	Wed	Thu	Fri	Sat
						1
2	3	4	5	6	7	8
9	10	11	12	13	14	15
16	17	18	19	20	21	22
23	24	25	26	27	28	29
30	31					

9月

Sun	Mon	Tue	Wed	Thu	Fri	Sat
		1	2	3	4	5
6	7	8	9	10	11	12
13	14	15	16	17	18	19
20	21	22	23	24	25	26
27	28	29	30			

10月

Sun	Mon	Tue	Wed	Thu	Fri	Sat
				1	2	3
4	5	6	7	8	9	10
11	12	13	14	15	16	17
18	19	20	21	22	23	24
25	26	27	28	29	30	31

11月

Sun	Mon	Tue	Wed	Thu	Fri	Sat
1	2	3	4	5	6	7
8	9	10	11	12	13	14
15	16	17	18	19	20	21
22	23	24	25	26	27	28
29	30					

12月

Sun	Mon	Tue	Wed	Thu	Fri	Sat
		1	2	3	4	5
6	7	8	9	10	11	12
13	14	15	16	17	18	19
20	21	22	23	24	25	26
27	28	29	30	31		

时间流逝

日历显示已经过去的日子和将要来临的日子。今天之后的一天被称作**明天**。假设今天是周三，明天将会是一周中的哪一天？今天之前的一天被称作**昨天**。那么昨天是一周中的哪一天？

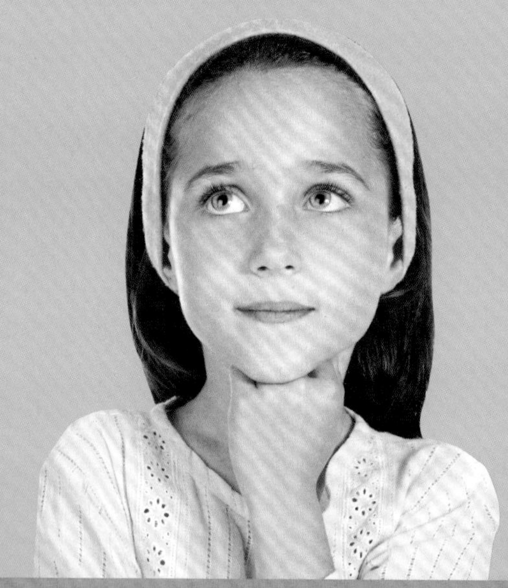

周二	周三	周四
昨天	今天	明天

假设今天是周五。明天将会是哪一天?

年

1年有365天或366天，1年有12个月。在日历上，1年从1月1日开始。你也可以从任意一个日期开始数一年。你上一次过的生日和接下来要过的那个生日之间总是相隔一年。

拓展

每隔四年会出现一个**闰年**。闰年的2月有29天。如果2012年是闰年，下一个闰年会是哪一年？

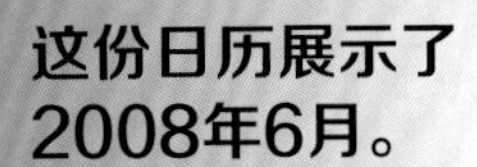

这份日历展示了2008年6月。

2008年6月15日到2009年6月14日是1年。

12个月等于365天。
闰年有366天!

术语

下午（afternoon） 本册中指中午之后到太阳下山前的时间。

日历（calendar） 一种展示日期、周和月的图表。

钟表（clock） 用来计量时间的工具。

表盘（face） 钟表上的刻度盘，上面有表示时间的刻度和数。

指针（hand） 钟表上指示时间的针，分为时针、分针和秒针。

小时（hour） 时间单位，1小时等于60分钟。

时针（hour hand） 钟表上指示“时”的短指针。

闰年（leap year） 有额外一天的一年，每四年一次。

分钟（minute） 时间单位，1分钟等于60秒。

分针（minute hand） 钟表上指示“分”的长指针。

月（month） 时间单位，1年分为12个月。

上午（morning） 日出和中午之间的时间。

夜晚（night） 太阳下山后的时间。

秒针（second hand） 钟表上指示“秒”的细长指针。

跳跃计数（skip count） 一种以一个比1大的既定数为间隔的计数方式。

明天（tomorrow） 今天之后的一天。

手表（watch） 人们戴在手腕上的计时工具。

年（year） 时间单位，包含12个月。

昨天（yesterday） 今天之前的一天。

日历中的数学

日历是什么

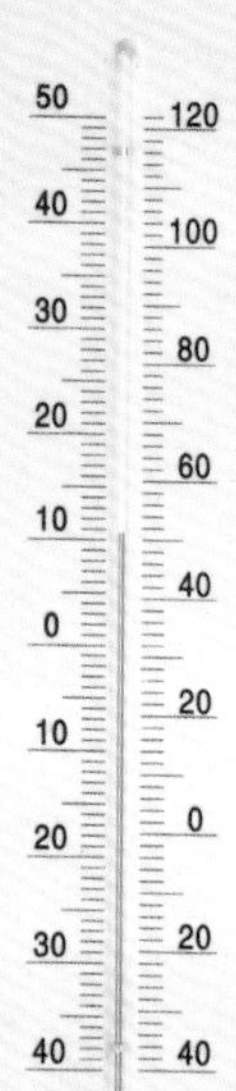

小春邀请朋友参加生日聚会！阿尔和莱蒂要去参加，他们都很兴奋。他们想知道距离小春举办生日聚会还有多少天。

阿尔的妈妈告诉他们，不同的工具可以用来测量不同的事物。温度计是一种测量温度的工具。

尺子也是一种工具。尺子可以测量某件物品有多长。

温度计显示事物有多热或有多冷。

尺子是测量长度的工具。

孩子们想要知道还有多少天，就需要计量时间的工具。

下面这些工具可以计量时间。

时钟以秒、分、时为单位来计量时间。

12月 2013

日	一	二	三	四	五	六
1	2	3	4	5	6	7
8	9	10	11	12	13	14
15	16	17	18	19	20	21
22	23	24	25	26	27	28
29	30	31				

日历以日、周、月和年为单位来计量时间。

拓展

妈妈说聚会大概在两周之后。阿尔和莱蒂应该用何种工具来计量时间？

各种各样的日历

阿尔和莱蒂现在知道他们应该用日历来计算距离聚会还有多少天。生活中有许多种日历。

有的日历一次显示一日。

有的日历一次显示一周。

9	10	11	12	13	14	15
周日	周一	周二	周三	周四	周五	周六

有的日历一次显示一个月。

January

Sun	Mon	Tue	Wed	Thu	Fri	Sat
		1	2	3	4	5
6	7	8	9	10	11	12
13	14	15	16	17	18	19
20	21	22	23	24	25	26
27	28	29	30	31		

February

Sun	Mon	Tue	Wed	Thu	Fri	Sat
					1	2
3	4	5	6	7	8	9
10	11	12	13	14	15	16
17	18	19	20	21	22	23
24	25	26	27	28		

March

Sun	Mon	Tue	Wed	Thu	Fri	Sat
					1	2
3	4	5	6	7	8	9
10	11	12	13	14	15	16
17	18	19	20	21	22	23
24/31	25	26	27	28	29	30

Sun	Mon	Tue	Wed	Thu	Fri	Sat
	1	2	3	4	5	6
7	8	9	10	11	12	13
14	15	16	17	18	19	20
21	22	23	24	25	26	27
28	29	30				

May

Sun	Mon	Tue	Wed	Thu	Fri	Sat
			1	2	3	4
5	6	7	8	9	10	11
12	13	14	15	16	17	18
19	20	21	22	23	24	25
26	27	28	29	30	31	

June

Sun	Mon	Tue	Wed	Thu	Fri	Sat
						1
2	3	4	5	6	7	8
9	10	11	12	13	14	15
16	17	18	19	20	21	22
23/30	24	25	26	27	28	29

Sun	Mon	Tue	Wed	Thu	Fri	Sat
	1	2	3	4	5	6
7	8	9	10	11	12	13
14	15	16	17	18	19	20
21	22	23	24	25	26	27
28	29	30	31			

Sun	Mon	Tue	Wed	Thu	Fri	Sat
				1	2	3
4	5	6	7	8	9	10
11	12	13	14	15	16	17
18	19	20	21	22	23	24
25	26	27	28	29	30	31

September

Sun	Mon	Tue	Wed	Thu	Fri	Sat
1	2	3	4	5	6	7
8	9	10	11	12	13	14
15	16	17	18	19	20	21
22	23	24	25	26	27	28
29	30					

Sun	Mon	Tue	Wed	Thu	Fri	Sat
		1	2	3	4	5
6	7	8	9	10	11	12
13	14	15	16	17	18	19
20	21	22	23	24	25	26
27	28	29	30	31		

November

Sun	Mon	Tue	Wed	Thu	Fri	Sat
					1	2
3	4	5	6	7	8	9
10	11	12	13	14	15	16
17	18	19	20	21	22	23
24	25	26	27	28	29	30

December

Sun	Mon	Tue	Wed	Thu	Fri	Sat
1	2	3	4	5	6	7
8	9	10	11	12	13	14
15	16	17	18	19	20	21
22	23	24	25	26	27	28
29	30	31				

有的日历一次显示一年。

日历的组成部分

阿尔和莱蒂挑选了一次显示一个月的一款日历。一个月中的每一天都对应一个数。每一个新的月份都从1开始。日、月和年共同组成**日期**。阿尔指向一个月最后一个数。它表明这个月有多少日。

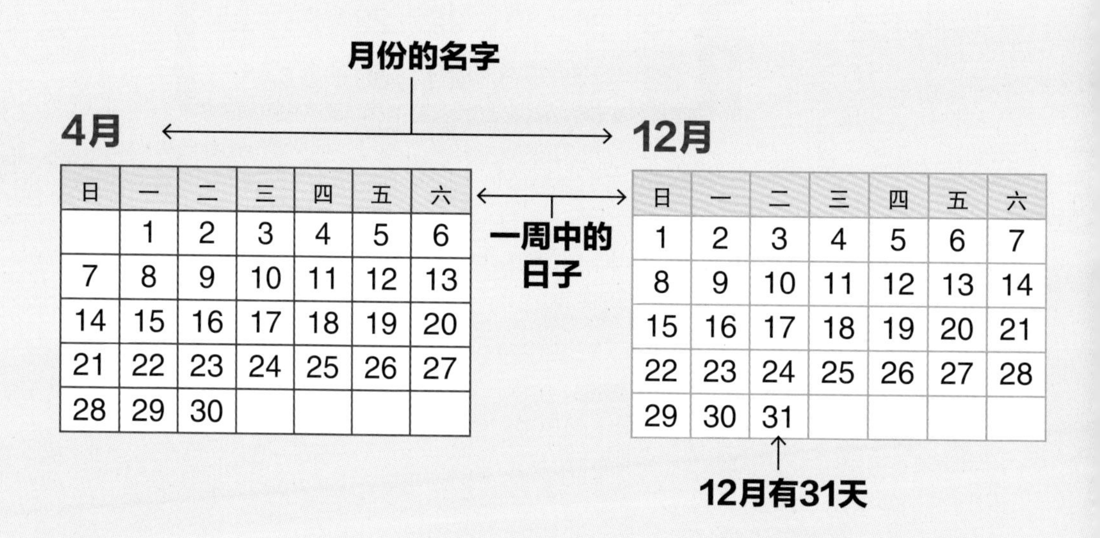

4月

日	一	二	三	四	五	六
	1	2	3	4	5	6
7	8	9	10	11	12	13
14	15	16	17	18	19	20
21	22	23	24	25	26	27
28	29	30				

12月

日	一	二	三	四	五	六
1	2	3	4	5	6	7
8	9	10	11	12	13	14
15	16	17	18	19	20	21
22	23	24	25	26	27	28
29	30	31				

拓展

观察上面两个日历，哪个月的天数更多？

日历包括行和列。

行左右延展。

列上下延展。

莱蒂看着下图中的某一行。她像阅读书中的页码一样从左往右阅读这一行。日历最上面一行显示了一周中的日子。

阿尔在最上面一行发现了周日。他用他的手指沿着某一列从上滑到下。这一列的每一天都是周日。

列 ↓

行 →

12月

日	一	二	三	四	五	六
1	2	3	4	5	6	7
8	9	10	11	12	13	14
15	16	17	18	19	20	21
22	23	24	25	26	27	28
29	30	31				

拓展

观察上面的12月的日历。这个月中周一的天数多，还是周六的天数多？

重复的日和月

阿尔看到一周有七天。有些日历中，周日是每周的第一天；周六是每周的最后一天。阿尔的妈妈告诉他，在这种日历中周六之后就是新的一周，会在日历的下一行重新从周日开始。阿尔的妈妈让他按顺序写下一周中的日子。

阿尔写到：

周日 → 周一 → 周二 → 周三 → 周四 → 周五 → 周六

拓展

周一之后是哪一日？周六之前是哪一日？

莱蒂看着日历，发现一年中有12个月。她按顺序念了这些月份。莱蒂还发现，去年的日历也同样有12个月。

阿尔的妈妈告诉他们，每周的日子和每年的月份总是以相同的**模式**重复。模式就是指一次又一次的重复。

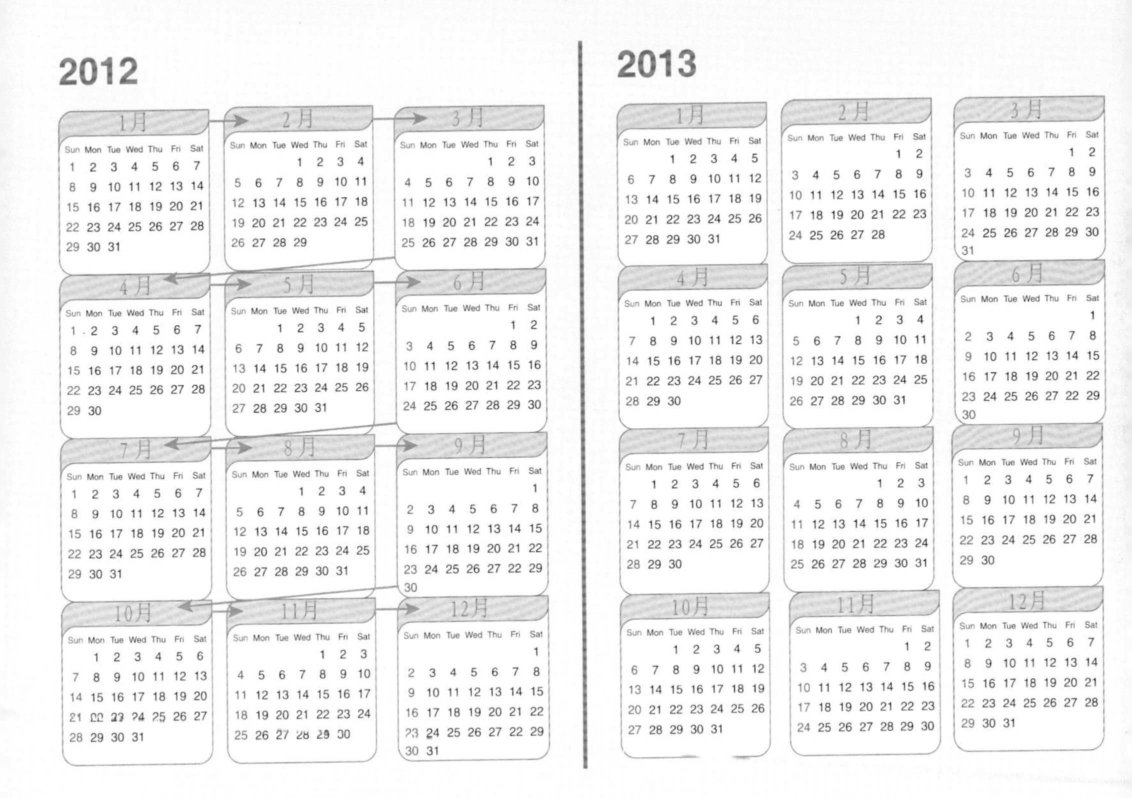

拓展

10月之后是哪个月？6月之前是哪个月？

一个月中的日子

阿尔和莱蒂观察一年中的12个月。他们发现，有的月份比其他月份天数多。阿尔的妈妈教给他们一段口诀来记忆每个月有多少天。

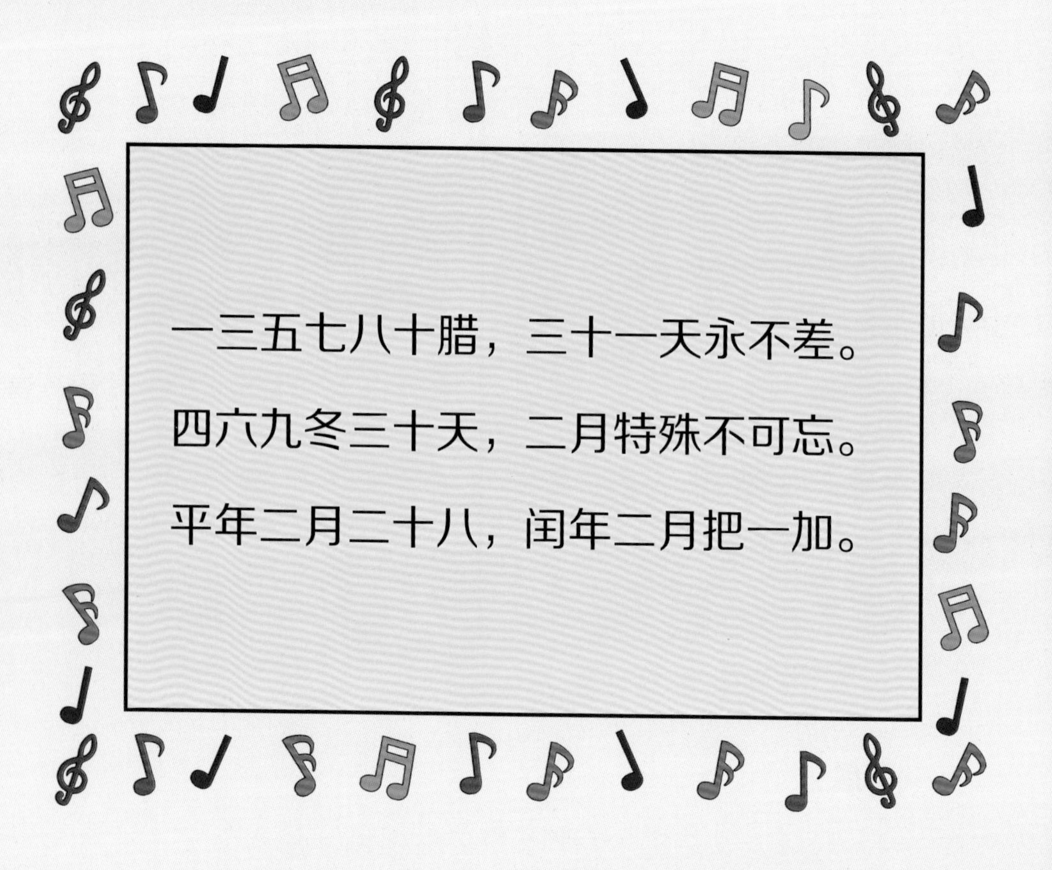

阿尔和莱蒂也注意到，并不是每个月都从一周中的同一天开始。如果一个月的最后一天是周三，那么下个月的第一天则为周四。

日	一	二	三	四	五	六
			1	2	3	4
5	6	7	8	9	10	11
12	13	14	15	16	17	18
19	20	21	22	23	24	25
26	27	28	29	30	31	

日	一	二	三	四	五	六
						1
2	3	4	5	6	7	8
9	10	11	12	13	14	15
16	17	18	19	20	21	22
23/30	24	25	26	27	28	29

拓展

如果9月最后一天是周一，那么10月从一周中的哪一天开始？

日历模式

莱蒂看着日历。她在数字上也发现了模式。

十一月

日	一	二	三	四	五	六
					1	2
3	4	5	6	7	8	9
10	11	12	13	14	15	16
17	18	19	20	21	22	23
24	25	26	27	28	29	30

莱蒂注意到：日历上的每一天是比它之前一天大的数。为了找出后一天的数，她在之前一天的数上加1。

1+1=2

2+1=3

3+1=4

阿尔看着日历中的列，从上往下读而且发现了另一个模式。每一个数要比它上面的数大7。

2+7=9

9+7=16

16+7=23

23+7=?

你能填出接下来的答案吗?

第62页的日历有助于你解决这个问题。

拓展

运用莱蒂和阿尔两个人发现的模式，填出9月的日历上缺失的数。提示：可以运用第60页的口诀得出9月有多少天。

九月

日	一	二	三	四	五	六
1	2	3	4	5	6	7
8	9	10			13	14
15	16	17	18	19	20	
	23	24	25	26	27	28

数时间

今天是5月5日，周日。阿尔看到小春的生日聚会在5月19日，周日。阿尔想知道现在距离聚会还有多少天。阿尔把他的手指放在今天的日期上。他数了一下位于今天的日期和聚会日期之间的日子。聚会在14天后。

生日快乐

我邀请你参加我5月19日的生日聚会。它将会十分有趣!

莱蒂想知道距离生日聚会的周数。她从5月5日开始数。每次她的手指向下移动一行，也就是一周。聚会在两周之后。

5月

日	一	二	三	四	五	六
			1	2	3	4
5	6	7	8	9	10	11
12	13	14	15	16	17	18
19	20	21	22	23	24	25
26	27	28	29	30	31	

拓展

你也可以以月为单位来数时间。如果今天的日期是1月6日，那么从今天往后数一个月将是2月6日。那么，4月6日是几个月之后呢？

提示：你可以运用第59页的日历来帮助自己解决这个问题。

昨天、今天和明天

到了莱蒂离开阿尔家的日子了，莱蒂明天要去上学了。她知道明天是今天的后一天，今天的日期是5月5日，周日。她尝试运用日历来找到明天的日期。莱蒂看着今天右边的日期，明天将是5月6日，周一。

阿尔昨天在莱蒂家。昨天是今天的前一天。阿尔把他的手指放在今天的日期上。通常，要想找到昨天的日期，阿尔要把他的手指移到左边的一格。然而，因为今天是周日，所以它在一行的开头。那么，阿尔必须把他的手指移到上一行的最后一格来找到昨天的日期。昨天的日期是5月4日，周六。

5月

昨天

日	一	二	三	四	五	六
	明天		1	2	3	4
5	6	7	8	9	10	11
12	13	14	15	16	17	18
19	20	21	22	23	24	25
26	27	28	29	30	31	

今天的日期

拓展

填空。

如果今天的日期是11月21日，周四；昨天的日期是__________。

如果今天的日期是12月10日，周二；明天的日期将是__________。

让我们来做练习

莱蒂看着家里的家庭日历。莱蒂的妈妈把重要的事情记在日历上。

5月

日	一	二	三	四	五	六
			1	2	3	4
5	6	7	8	9	10	11
12	13	14	15	16	17	18
19	20	21	22	23	24	25
26	27	28	29	30	31	

运用上一页的日历来回答下列问题。莱蒂在今天的日期上画了一个圈。

莱蒂几天前去看了牙医？

距离图书馆的书到期还有几天？

莱蒂爸爸的生日是在小春的生日聚会之前还是之后？

距离马克斯的棒球比赛还有几周？

拓展

看看你家里的日历。你今年的生日在今天之前还是之后？数一下今天距离你的下一个生日的天数、周数和月数？

术语

日历（calendar） 以日、周、月、年为单位计量时间的一种工具。

时钟（clock） 以秒、分、时为单位计量时间的一种工具。

列（column） 上下延展的一排事物。

日期（date） 发生某一事情的确定的年、月、日。

日（day） 一个时间单位，1天有24小时。

闰年（leap year） 每四年一次的有闰日的一年，这年有366天，其中，2月有29天。

1周=7天	1年=365天或366天
1个月=28天、29天、30天或31天	1年=大约52周
1个月=大约4周	1年=12个月

月（month） 时间单位，1年有12个月。

模式（pattern） 总是以同样顺序出现的一组事物。

行（row） 左右延展的一排事物。

周（week） 由7天组成的时间单位。

年（year） 由12个月组成的时间单位。

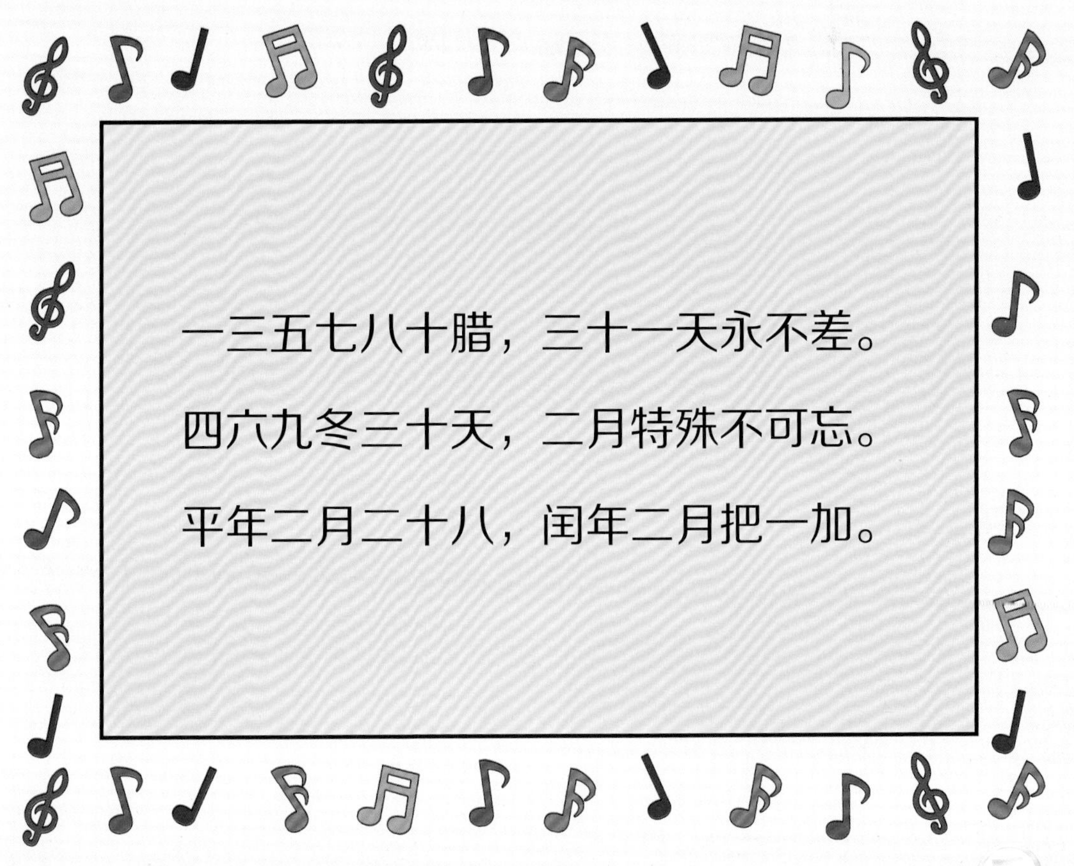